云朵朵和风阵阵
的气象课

姜殿荣 等 编著

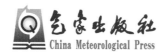
气象出版社
China Meteorological Press

图书在版编目（CIP）数据

云朵朵和风阵阵的气象课 / 姜殿荣等编著 . -- 北京：
气象出版社，2019.12
ISBN 978-7-5029-7030-7

Ⅰ . ①云…　Ⅱ . ①姜…　Ⅲ . ①气象学—少儿读物
Ⅳ . ① P4-49

中国版本图书馆 CIP 数据核字（2019）第 184355 号

云朵朵和风阵阵的气象课
Yunduoduo he Fengzhenzhen de Qixiang Ke

出版发行：气象出版社

地　　址： 北京市海淀区中关村南大街 46 号　　　　**邮政编码：** 100081

电　　话： 010-68407112（总编室）　　010-68408042（发行部）

网　　址： http://www.qxcbs.com　　**E - m a i l：** qxcbs@cma.gov.cn

责任编辑： 殷　淼　邵　华　　　　　　　　**终　　审：** 吴晓鹏

责任校对： 王丽梅　　　　　　　　　　　　**责任技编：** 赵相宁

封面设计： 楠竹文化

印　　刷： 北京地大彩印有限公司

开　　本： 787 mm × 1092 mm　1/16　　　　**印　　张：** 4.5

字　　数： 95 千字

版　　次： 2019 年 12 月第 1 版　　　　　　**印　　次：** 2019 年 12 月第 1 次印刷

定　　价： 25.00 元

编 委 会

主　编：姜殿荣

编　委：李家文　贾显锋　冯晓玲　何雪杨　刘　锋
　　　　廖秋慧　李旭东　莫洪豆

前　言

我们平时经常会看天气预报，关注天气情况——下雨了要打伞，"大太阳"要防晒；天冷了要添衣，天热了要防暑……那你有没有想过，我们生活的地球上有哪些天气现象？它们是如何形成的？又是如何变化的？遇到灾害性天气时我们该怎么办呢……如果你想了解这些既有趣又很有用的气象知识，那么，欢迎你来到《云朵朵和风阵阵的气象课》。

来自云族的云朵朵有一头像棉花糖一样的白色卷发和一双萌萌的大眼睛，它活泼可爱、聪明好学；来自风族的风阵阵总爱穿一件印有风车图案的帅气十足的飞行员制服，它爱动脑筋、勇于探索，它们都是本书的特约气象科普小卫士。

我叫云朵朵，是一名气象科普小卫士，我来自云族的大家庭。

我叫风阵阵，也是一名气象科普小卫士，我来自风族的大家庭。

云朵朵和风阵阵给大家精心准备了 21 堂妙趣横生的气象科普课，内容从云、雨、风、雷等天气现象，到高温、干旱、寒潮等气象灾害，再到冷空气、副热带高压、强对流等专业术语，还涉及节气与季节、气象观测场、气象雷达、"气象病"等其他相关知识，由浅入深、丰富实用；语言亲切而简练，再配以生动、可爱的插图，简明、形象的图示，通俗、有趣的科普小短片，让大家能够充分地领略天气与气候变化的神奇与魅力，轻轻松松读懂天气的"表情"，掌握防御灾害性天气的本领，畅游于气象科普知识的海洋而流连忘返！

目　录

第一章
气象观测那些事儿

气象观测是一项十分重要而有意义的工作，因为气象观测的数据是气象工作的基础。气象观测的内容很丰富，包括气温、气压、空气湿度、风向、风速、云、降水、日照、蒸发、能见度、地温等。每个气象观测站都会定时上传观测数据和资料，为天气预报和大气科学研究提供服务。

第一课　带你走进观测场

你了解观测场吗?

无论严寒还是酷暑，不管刮风或是下雨，各式各样的精密测量仪器都在气象观测站中默默坚守、分秒不歇。

百叶箱

这个白色的小箱子就是百叶箱，我们每天看到的天气预报中的气温就是从这里测出来的。百叶箱里放有温度表、湿度表等仪器，是用来测量空气的温度和湿度的。

雨量筒

看到这个东西，你千万不要以为它是个普通的水桶，其实这是专门负责雨量测量的仪器。为了保证测量的准确性，雨量测量仪是封闭式的，降雨经过传感器测量后，能在底部直接被排走，所以，即使是持续性的暴雨，也不会把它装满。

风塔

风塔就像一个巨人，将风向标和风杯高高地举起。它又像一个忠诚的守卫者，夜以继日地支撑着风的测量仪器，毫不懈怠地为观测台传送着风的记录资料。

日照计

日照计是测定某一地方在一天中太阳照射地面时间的长短的一种仪器。日照时数是重要的气象要素，除作为天气指标外，还广泛地用于农业等领域。

能见度仪

能见度仪由发射器、接收器和处理器组成，对能见度进行实时监测。低能见度对轮渡、民航、高速公路等交通运输，以及市民的日常生活都会产生许多不利的影响。

闪电定位仪

闪电定位仪又称雷电监测定位仪，是指利用闪电回击辐射的声、光、电磁场特性来遥测闪电回击放电参数的一种监测雷电发生的自动化气象探测设备，它可检测雷电发生的时间、位置、强度、极性等。闪电定位仪是开展雷暴监测、预报预警的基础条件，对进一步做好森林防火、防雷减灾、灾害调查和人工增雨等工作有很大的促进作用。

第二课　探空"侦察兵"

对于艺术创作而言，云总是能引起人的无限遐想。在大气科学领域，云可以帮助驱动水循环和整个气候系统，在天气预报、预警中也起着至关重要的作用，它还是气候变化研究中的不确定要素之一。"观云测风"的好帮手自然少不了气象雷达。

什么是气象雷达？

气象雷达是专门用于大气探测的雷达，属于主动式微波大气遥感设备。气象雷达使用的无线电波长范围很广——从1厘米到1000厘米。它们常被划分成不同的波段，以表示雷达的主要功能。把云雨粒子对无线电波的散射和吸收结合起来考虑，各种波段只有一定的适用范围。例如，人们常用K波段雷达探测各种不产生降水的云；用X、C和S波段雷达探测降水，其中S波段最适用于探测暴雨和冰雹；用高灵敏度的超高频和甚高频雷达可以探测对流层—平流层—中间层的晴空流场。

气象雷达主要有：测云雷达、测雨雷达、测风雷达、圆极化雷达、调频连续波雷达、多普勒天气雷达等。

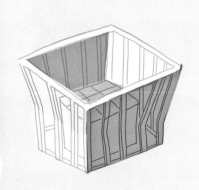

多普勒天气雷达

多普勒天气雷达就是利用多普勒效应来测量云和降水粒子相对于雷达的径向运动速度的雷达，它是一种很先进的雷达系统，有"超级千里眼"之称。多普勒天气雷达在短时临近预报预警中发挥着重要的作用，可以有效地监测暴雨、冰雹等灾害性天气的发生、发展，同时还具有良好的定量测量回波强度的性能，可以定量估测大范围降水；除实时提供各种图像信息外，还可提供对多种灾害性天气的自动识别、追踪产品。

风廓线雷达

风廓线雷达是主要利用大气湍流对电磁波的散射作用对大气风场等物理量进行探测的遥感设备。它能够实时提供大气的三维风场信息，可实现对大气的风、温等要素的连续遥感探测，是一种新的高空大气探测系统。

第三课　奇妙的气温

什么是气温？

气温是表征空气冷热程度的物理量。天气预报中所说的最高气温是指一日内气温的最高值，一般出现在 14—15 时，最低气温是指一日内气温的最低值，一般出现在早晨 5—6 时。气温是用来衡量地球表面大气温度分布状况和变化态势的重要指标。人们可根据需要统计出日均气温、月均气温和年均气温等。

气温的测定

天气预报所说的气温其实就是气象部门所指的地面气温，是指在室外空气流通、不受太阳直射的条件下测得的空气温度，由在植有草皮的观测场中离地面 1.5 米高的百叶箱中的温度表上测得。测量的温度表或温度计是根据水银、酒精或双金属片作为感应元件的热胀冷缩特性制成的。测量时，为了防止太阳辐射对观测值的影响，测温仪器必须放在百叶箱或防辐射罩内，并且要有良好的通风条件。

温馨提示

气温与"春捂"

俗话说:"春捂秋冻。"冬春交替时确实要"捂",但到底应该什么时候"捂",怎么"捂"呢?

"捂"的最佳时机:冷空气来前 24—48 小时

疾病并不是在冷空气到来之时才发生的,比如感冒、消化不良可能在冷空气到来之前便"捷足先登";而青光眼、心肌梗死的高发时间则出现在冷空气过境时;还有一些疾病出现在冷空气过后。因此,"捂"的最佳时机为冷空气到来之前 24—48 小时。

气温帮你判断"捂"与"不捂"

首先看温度,对于老年人和体弱多病的人来说,15 ℃可以视为"捂"或者"不捂"的临界温度。当温度稳定持续在 15 ℃以上时,就没必要非要讲究"捂"了。其次,当气温日较差(指连续 24 小时内气温最高值与最低值之差)较大时,也需要"捂",一般气温日较差大于 8 ℃时,便是需要"捂"的一个指标。

再次，就要"跟着感觉走"了。"春捂"不能一概而论，也是因人而异的，年轻力壮的人可以适当冻一冻，而老年人大多经不起太冷的刺激，还有一些慢性病患者则对寒凉的刺激更加敏感，稍不注意就会引起疾病发作。因此，如果"捂"时不觉得咽喉燥热，身体冒汗，即便气温稍高于 15 ℃，也不必急着脱衣服。如果觉得"捂"后身体出汗，则需要早点换装，不然出汗后被风一吹，反而更容易着凉。

要"捂"重点部位

"春捂"要特别重视对头、脚、颈、手这些部位的保暖，不要很快就摘掉帽子，取下围巾、口罩，脱掉厚袜及手套，否则很容易降低身体免疫力，导致疾病入侵。

第四课 天上的云

根据云的外形特征、结构特点和云底高度，可将云分为三族：高云、中云、低云。

云为什么能漂浮在空中？

云为什么可以挂在天上呢？这要从云的形成说起，由于地面的热空气和水蒸气总是不断地往上升，就像一只大手一样把云托着，所以，大家就看到云总是漂浮在空中。另外，由于高空中的风比地面大，如果大家仔细观察，便能看到云在慢慢地移动，这是因为有风的推动。

云的形成

❷

水蒸气上升到天空的蒸汽层上层。

由于蒸汽层上层温度较低，水蒸气体积缩小比重增大，蒸汽下降。

❸

地面上的水在吸收太阳辐射热量后变成水蒸气。

蒸汽层下层温度较高，水蒸气下降过程中吸热，再度上升遇冷，再下降。如此反复，气体体积逐渐缩小，最后集中在蒸汽层底层，在底层形成低温区，水蒸气向低温区集中，就形成了云。

❹

❶

水汽　　　　热空气

多姿多彩的云

天空中的云有各种不同的颜色，有的像棉絮一样洁白，有的像火焰一样绚丽，有的是黑沉沉的，还有的是灰蒙蒙的……其实，云的颜色跟云的薄厚、密度（云中所含雨滴等物质的大小和数量）以及太阳光的照射有关。我们大家所看到的各种云，它们的厚薄（密度）相差很大。不同厚度（密度）的云对太阳光线的反射、折射也是不同的，较厚（密度较大）的云，太阳和月亮的光线很难透射过去，所以云体看上去就很黑；较薄（密度较小）的云，光线透射性相对好些，颜色也就会淡一些。

日出和日落时，由于太阳光斜射穿过很厚的大气层，空气中的分子、水汽和杂质使光线的短波大量散射，而红、橙色的长波，却散射得比较少。当光线照射到大气下层时，长波光特别是红光占绝大多数，这时不仅日出、日落方向的天空是红色的，就连被它照亮的云层底部和边缘也变成红色了，这就是霞。由于云的组成有的是水滴，有的是冰晶，有的是两者混杂在一起的，因而日、月光线通过时，还会形成各种美丽的光环。

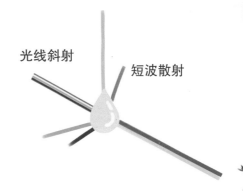

光线斜射   短波散射

由于红、橙色的长波照射到大气下层，因此日出、日落天空是红色的，云也被照耀成红色。

看云识"阴晴"

逸散层

热层

中间层

臭氧层

平流层

对流层

10000米

高云   高层

4500米

中云   中层

积雨云

低云   2000米

低层

◀ 大气分为五层：对流层、平流层、中间层、热层和逸散层。大气主要的活动在对流层里，对流层越靠近地面，气温越高，越远离地面，气温越低。近地面空气受热上升，再逐渐冷却下降，就形成了对流。云一般在对流层中，因此对流层具备形成降水的重要条件。

低云中的积雨云是由水滴和冰晶构成的混合云，可在除南极以外的任何区域出现，大多在温暖潮湿的地区上空盘旋。这种云因为储积了大量的雨滴，所以它很容易形成降雨。此外，由于气温、风力等气象条件的不同，还可能会出现冰雹、雷、闪电，甚至龙卷。所以，看到天空有积雨云，你就得做好防雨、避雨以及防雷电的准备了。

淡积云是最常见的云。云体轮廓分明，底部平坦有阴影，顶部略微凸起，呈"馒头"形状，水平宽度大于垂直高度。它的出现，标志着云团上方出现稳定的气层，表明至少在未来几个小时内天气是不错的。谚语称："馒头云，天气晴。"

"地震云"真的可以预测地震吗？

地震是一种具有巨大破坏性的自然现象，它在发生的瞬间，最短十几秒、最长两三分钟，就能够造成山崩地裂、房倒屋塌，使人猝不及防。变幻莫测的云常常带给人们无限的遐想，当将可怕的地震与云联系到一起时，就产生了"地震云"的说法。那么，"地震云"真的可以预测地震吗？

"地震云"的由来

相信诡异的云是地震的一种先兆，并据此预测地震，这种思路在古今中外皆有流传。

明天启四年（1624 年），意大利传教士龙华明和高一志摘录西欧古籍，写成一本《地震解》，呈送给太宰李崧毓。其中第八章"震之预兆"里，预兆五就是"地震云"："昼中或日落后，天际晴朗，而有云细如一线甚长，震兆也。"

在中国的很多关于地震的历史记载中，也都强调之前有怪异的云雾。比如：1680 年 9 月 9 日云南楚雄 6.5 级地震前"自西北起，黑雾弥天"；1815 年 10 月 23 日山西平陆 6.7 级地震前"西南天大赤……夜有彤云"；1935 年宁夏隆德县"忽见黑云如缕，宛如长蛇，横亘空际，久而不散，势必地震"；1936 年甘肃天水"是日天空布满积云，下午一时许聚起大地震"，等等。

地震云？

"地震云"的传说在民间始终存在，但它后来作为一种"学说"被发扬光大，日本一位市长键田忠三郎"功不可没"。自 20 世纪 40 年代起，键田忠三郎开始推广"地震云学说"。他说，1948 年 6 月 26 日，奈良市上空出现了一条异常的云，颜色和形状像一条乌黑的长蛇，横跨东西方向。他当时预言即将发生地震，两天后，距离奈良 160 千米的福井县果真发生了大地震。

用"地震云"预测地震是否科学

部分研究者认为：地震即将发生时，因地热聚集于地震带，或因地震带岩石受强烈应力作用发生激烈摩擦而产生大量热量，这些热量从地表逸出，使空气增温产生上升气流，气流于高空形成"地震云"。不过这种说法并没有被主流科学界所接纳，在气象学和地震学工作者看来，目前的科学研究还不能证明地震和云的状态存在某种确切的联系。

事实上，所有被指为"地震云"的云，在云的科学分类中都有对应种属，多为高积云或层积云。因为它们比较容易形成波状、絮状、透光、放射状等看起来"怪异"的样子，很容易被人们冠以特殊的"使命"。国际地震学界普遍认为，云和地震没有关联！美国地质调查局直接指出，地质现象虽能影响天气，但却要历时百万年，且是在地震发生后。他们认为，因为地震在地球上发生的频率非常高，所以任何现象出现后的两周内都可能发生地震，而并非是特定的前兆。

心理聚焦效应

其实，"地震云"理论能在民间收获众多信任，主要源于大众的心理需求。当人们遭遇诸如地震这样的重大灾难后，往往会反复回忆起事件发生前的各种细节，并倾向于认为这些细节是"罕见和异常"的。这些"罕见和异常"经常发生，只不过平时人们不会去特意观察和记忆罢了。于是，那些看似怪异的"地震云"碰巧出现在某次地震之前，就会被人赋予特殊的"天兆"含义。在地震这样恐怖又突然的天灾面前，人类显得过于渺小和无力，所以古往今来，人们都希望能通过一些简单、直接的方法（比如看云），来预先判断地震的出现，能让人们有机会逃脱厄运。

第五课　天空的眼泪——雨

雨的形成

雨是一种自然降水现象，是地球水循环中不可缺少的一部分。雨是人类生活和自然界最重要的淡水资源。

雨的形成来源于地表水的蒸发。陆地和江河湖海表面的水蒸发变成水蒸气，水蒸气上升到一定高度后遇冷变成小水滴，这些小水滴组成了云，它们在云里互相碰撞，合并成大水滴，当它们大到大气中上升气流托不住的时候，就从云中落了下来，形成了雨。

雨的类型与级别

从天上掉下的雨滴，有大有小，有快有慢。在文学创作中，文人们用很多修辞手法来描写雨，有狂风骤雨、有和风细雨，有的狂暴凶猛，有的温婉细腻……那么，在气象上雨是如何分类、定量的呢？

按照降水的成因可分为：对流雨、锋面雨、地形雨、台风雨（气旋雨）……这样的分类专业性比较强。

日常，大家所熟知的分类方式是按照降水量的大小来划分，可以分为：小雨、中雨、大雨、暴雨、大暴雨、特大暴雨等。气象部门通常将降雨分成七个等级：

不同时段的降雨量等级划分表　　　　　　（单位：毫米）

等级	时段降雨量	
	12 小时降雨量	24 小时降雨量
微量降雨（零星小雨）	＜ 0.1	＜ 0.1
小雨	0.1 ～ 4.9	0.1 ～ 9.9
中雨	5.0 ～ 14.9	10.0 ～ 24.9
大雨	15.0 ～ 29.9	25.0 ～ 49.9
暴雨	30.0 ～ 69.9	50.0 ～ 99.9
大暴雨	70.0 ～ 139.9	100.0 ～ 249.9
特大暴雨	≥ 140.0	≥ 250.0

雨的测量

气象、水文等部门都有专门测雨的仪器。人工观测时，用的是雨量筒和量杯。雨量筒的直径一般为 20 厘米，内装一个漏斗和一个瓶子。量杯的直径为 4 厘米，它与雨量筒是配套使用的。测量时，将雨量筒中的雨水倒在量杯中，根据杯上的刻度，人工记录相应时段内的降雨量。

随着科技的进步，现在对雨的测量都变成自动观测了，采用的测量工具主要是翻斗式雨量计，也叫作翻斗式雨量传感器。这种测量仪器令接收到的降雨流入一个小斗内，达到一定的数量后就自动倒掉，同时形成相应的雨量记录，自动传输到观测平台终端。

观测场中的雨量筒

第六课 空气的流动——风

什么是风？

风是由空气流动引起的一种自然现象，常指空气相对于地面的水平运动，用风向、风速（或风级）表示。

风 向

风向，是指风吹来的方向。一般在测定时有不同的方法，主要分海洋、大陆、高空进行确定。在气象上，通常用风向标来测定风向。人工观测，风向用十六方位法；自动观测，风向以度（°）为单位。

风速、风级

风速是指单位时间内空气移动的水平距离。相邻两地间的气压差越大，空气流动越快，风速越大，风的力量自然也越大。通常用风杯来测量风速，风吹来时，风杯在风的作用下转动，根据风杯的转速（每秒钟转的圈数）就可以确定风速的大小。

风的大小通常用风力表示，是指风吹到物体上所表现出的力量的大小。一般根据风吹到地面或海面的物体上所产生的各种现象，把风力的大小分为18个等级，最小是0级，最大为17级。

气象科普小课堂

《风》第1集

风向标

风速
（圈/秒）

气象科普小课堂

《风》第2集

风级歌

0 级烟柱直冲天

1 级青烟随风偏

2 级轻风拂脸面

3 级叶动红旗展

4 级风吹飞纸片

5 级小树随风摇

6 级举伞有困难

7 级迎风走不便

8 级风吹树枝断

9 级屋顶飞瓦片

10 级拔树又倒屋

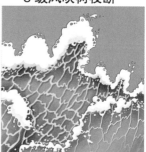

11、12 级及以上陆上
很少见

大风降温天如何保健康？

伴随大风天气而来的通常是降温，那么，大风降温天气时如何保健呢？以下为大家介绍六个健康生活的注意事项。

出门戴口罩，保暖又防病

口鼻是呼吸道的门户，其分泌的免疫球蛋白可以抵抗细菌和病毒的入侵，避免感冒、气管炎、肺炎等疾病。建议大风降温时，出门戴上口罩，并注意每天更换。口罩既可以有效防止灰尘、浮尘侵袭你的肌肤，又是很好的防寒工具。另外，提醒大家：在保证身体不冷的前提下，不宜捂得过严。

保护皮肤，避免肌肤受伤

大风会加速皮肤水分的流失，时间一长，皮肤容易变得粗糙脱屑，甚至出现皲裂、瘙痒等症状。建议洗脸水温控制在 20 ～ 37 ℃，选用保湿效果较好的护肤品。每天补充一定量的水分并且正确饮水，也可以起到一定的保健功效。

戴上护膝，保护关节

即使是正常人，有时在大风天气下也可能会感到关节疼痛，所以做好保暖措施非常重要。骑车出行的人，不妨戴上护膝、护腕等，起到保护关节的作用。

每天开窗两次，通风换气

长时间开空调或经常紧闭门窗，都不利于室内外空气的交换。为了保证室内空气清新，避免细菌滋生，每天至少要开窗通风两次，每次 30 分钟左右。

异物入眼，千万别揉

大风天气容易导致异物进入到眼内，此时千万不要揉，否则角膜易被异物划伤，还可能导致异物嵌入角膜内，从而造成感染发炎，可多眨眼睛促进泪液分泌，将其排出。

心脑血管病人上午尽量别出门

气温骤降，容易诱发中风、脑梗死、心肌梗死等疾病。心脑血管病人除了必要的保暖外，大风天尽量别出门，若非出去不可，也不宜过早，最好在上午 10 时以后户外气温有所回升时再外出，并最好带上速效救心丸、硝酸甘油等药物。

第七课　可以预测的天气

天气预报是如何制作的？

大家每天都会看天气预报，或许心中会有这样的疑问：天气预报到底是怎么做出来的呢？

天气预报的方法有很多，最常用的有两种。

一种是传统的天气学方法，经过对天气图上的各种气象要素进行分析，预报员就可以了解当前天气系统（台风、锋等）的分布和结构，判断天气系统未来的演变情况，从而做出各地的天气预报。

另一种是数值预报方法，它做出的天气预报是靠计算机"算"出来的。天气预报员先用计算机解出描述天气演变的方程组，"算"出未来天气；再通过分析天气图、气象卫星资料等，结合积累的经验，做出未来 3 ～ 5 天的具体天气预报。

要把数值天气预报需要的数学方程组求解出来，是一件十分费劲的事。英国气象学家里查逊在 1916—1918 年组织大量人力进行了第一次数值预报尝试。在这一次的预报计算中，许多人用手摇计算机进行了 12 个月才完成。当时，要得到未来 24 小时的预报，需要一个人日夜不停地计算 6.4 万天，也就是 175 年。换句话说，那时候要想跟上变化多端的天气，需要 6.4 万人同时进行计算工作。随着电子计算机的发明与飞速发展，以及数值预报技术的不断完善，数值天气预报目前已经具备了很高的时效性和精确性，可以对未来三日之内的重要天气变化做出较准确的预报。

天气预报属于预测科学

从科学规律讲，预测科学不可能完全准确或者永远准确。现有的科技水平决定了我们目前的天气预报不可能完全准确，肯定会有一定的不确定性，所以，有时候天气预报主持人提醒大家隔天要降温，但是隔天却会出现依然闷热的现象。

对天气情况进行诊断预测，其准确性随着科技发展和人类认识的进步呈逐步精确的趋势，准确率不断提高，但永远也不可能完全准确。就像医生看病一样，以前只是单纯地靠把脉等诊断，现在科技发达了，有了 CT（电子计算机断层扫描）、B 型超声检查等科技手段，准确性大大提高了，但仍会有不准确的情况出现。

临近预报

"临近预报"是指未来0—2小时的天气预报，它主要是应用卫星、多普勒天气雷达以及实时观测资料等，根据天气实况及前期背景等做出来的。由于其资料获取时间与预报时间间隔短，预测的天气稳定性较好，因此预报的准确率很高。

监测预报预警能力仍存在薄弱环节

总体上讲，当今的气象监测能力还不能完全适应预报预测和服务的需求，一些局地性的灾害性天气由于突发性强，加上监测站网的密度不够，往往捕捉不到。就拿龙卷来说，它是大气中最强烈的涡旋现象，影响范围虽然小，破坏力却极大。就算是科技发达的美国，以目前的监测手段也只能平均提前13分钟发出预警，如果能提前20分钟预报，便很是难得了。

第八课　季节与节气

季节的划分

中国传统季节划分以二十四节气中的立春、立夏、立秋、立冬作为四季的起始。春季包含立春、雨水、惊蛰、春分、清明、谷雨，夏季包含立夏、小满、芒种、夏至、小暑、大暑，秋季包含立秋、处暑、白露、秋分、寒露、霜降，冬季包含立冬、小雪、大雪、冬至、小寒、大寒。

气象学划分季节的标准：以候（5天）平均气温低于 10 ℃为冬季，高于 22 ℃为夏季，10～22 ℃为春、秋季，并划出各地四季的长短。

气象学上的季节划分比中国传统季节划分推迟 20 多天，更利于指导农业生产。

节气的划分

二十四节气是我们祖先根据天地运行规律来确定四季循环的起点与终点而划分的。古人将太阳视周年运动轨迹划分为 24 等份，每一等份为一个"节气"，统称"二十四节气"，具体包括：立春、雨水、惊蛰、春分、清明、谷雨、立夏、小满、芒种、夏至、小暑、大暑、立秋、处暑、白露、秋分、寒露、霜降、立冬、小雪、大雪、冬至、小寒、大寒。

立春，意味着一年农事的开始。气温、日照、降雨开始趋于上升、增多。

雨水，降雨增多，气温升高，天气回暖。

惊蛰，常有春雷，天气乍寒乍暖。

春分，昼夜正好都是 12 小时，有俗语"春分秋分，昼夜平分"。

清明，有天气景明之意，这个时节处于春季，时常是小雨绵绵。

谷雨，春季的最后一个节气，降雨增加。

立夏，夏季的第一个节气，表示夏季的开始，进入雨季，雨量和雨日均明显增多。

小满，高温高湿多雨，食物、衣物容易发霉。暴雨、大风、雷电等天气时有发生。

芒种，雨日多，雨量大，气温明显升高。进入了一年中的多雨季节，暴雨天气增多。

夏至，这天白昼最长，午后至傍晚常易形成雷阵雨，暴雨天气频繁，容易形成洪涝灾害。

小暑，天气开始炎热，容易出现连续晴天和高温。

大暑，是一年中最热的节气，许多地区的气温达 35 ℃以上，有的地方还会出现 40 ℃以上高温天气。

立秋，是秋天的开始，天气渐渐转凉。

处暑，暑气逐渐退去，白天热，早晚凉，下雨天减少，天气干燥。

白露，天气转凉，昼夜温差大，夜晚空气中水汽会在树木和花草上凝结成露珠。

秋分，同春分一样，也是昼夜时间相等的节气，气温逐渐下降，降雨越来越少。

寒露，气温继续下降，天气转凉变冷，露水增多，气温更低。

霜降，气温下降显著，地物上会出现白色的霜，降水普遍减少。

立冬，是冬季开始，空气干燥，气温低，土壤含水较少，容易出现森林火灾。

小雪，气温往往急剧下降，天气变得寒冷，开始降雪。

大雪，气温显著下降，天气寒冷，不时出现寒潮、冻雨、降雪、雾凇、道路结冰天气。

冬至，寒冷的冬天到了，这天白天最短，夜晚最长。

小寒，天气已经很冷，会出现大风降温和雨雪天气。

大寒，是二十四节气的最后一个节气，天气严寒。

第二章
气象灾害要防御

气象灾害是指由气象原因造成生命伤亡和人类社会财产损失的自然灾害。据统计，在各类自然灾害中，气象灾害占70%以上。作为公民，我们应当增强防灾减灾意识，学习气象防灾减灾知识，提高气象灾害应急防御能力。

第九课
可怕的雷电

雷电的形成

　　雷电是由雷云（带电的云层）对地面建筑物及大地的自然放电引起的，它会对人、建筑物以及大地上的生命体形成严重的危害。在天气闷热潮湿的时候，地面上的水受热变为蒸汽，随地面的受热空气而上升，在空中与冷空气相遇，上升的水蒸气凝结成小水滴，形成积云。云中水滴受强烈气流吹袭，分裂为一些小水滴和大水滴，较大的水滴带正电荷，小水滴带负电荷。细微的水滴随风聚集形成了带负电的雷云；带正电的较大水滴常常向地面降落而形成雨，或悬浮在空中。由于静电感应，带负电的雷云在大地表面感应有正电荷，于是雷云与大地间形成了一个大的电容器。当电场强度很大，超过大气的击穿强度时，即发生了雷云与大地间的放电，就是一般所说的雷击。

雷电的危害

　　据统计，地球上平均每天会发生 800 万次的雷电现象。雷电电压很高，可达几十万伏甚至数百万伏，放电时温度高达 30000 ℃，破坏力非常强！地面上的人、畜遭受雷击会重伤或死亡；建筑物、电气设备等被雷电击中会起火燃烧造成财产损失；树木被雷电击中会引发森林火灾。

气象科普小课堂

《雷电》第 1 集

雷电的预报预警

气象部门通常利用雷达和卫星等探测的资料进行雷电预警预报，当预测到有可能出现会造成灾害的雷电现象时，会发布黄色、橙色、红色三个不同级别的雷电预警信号。

雷电防护知识

在雷雨天气里，大家应尽量待在室内或者汽车里，不要在山坡顶、孤立的小屋、草棚等容易引雷的地方避雨；切记不要站在大树下躲雷雨；不要在空旷地里肩扛金属杆的雨伞；不要游泳、划船；不要站在楼顶上；不要骑自行车赶路；打雷时切忌狂奔。

雷雨时应尽量
待在室内或者汽车里。

万一不幸发生雷击事件，
同伴要及时报警求救。

气象科普小课堂

《雷电》第 2 集

第十课　雾与霾

　　雾与霾是不同的天气现象，他们一方面影响空气质量，另一方面使大气水平能见度降低，对人们的生产和生活产生很大的影响。但是，雾与霾的组成物质和形成过程完全不同。下面我们就来了解一下这两种看似相似，实质上截然不同的天气现象吧。

雾和霾的区别

　　雾是由大量悬浮在近地面空气中的微小水滴或冰晶（近地面层空气中水汽凝结（或凝华）的产物）组成的气溶胶系统，使得大气的水平能见度降低到 1000 米以内的天气现象即称为雾；能见度在 1000～10000 米时，称为轻雾或霭。雾的产生主要是由于近地面空气的冷却作用。

　　霾是指大量极细微干性尘粒均匀浮游于空中，使空气普遍浑浊，水平能见度小于 10000 米的现象，霾使远处光亮物体微带黄色、红色，使黑暗物体微带蓝色。霾在一天中任何时候均可出现，形成霾的天气条件一般是气团稳定、较干燥。霾的前身可以是尘卷风、扬沙、沙尘暴；当风速减小

之后，就会出现浮尘；再演变下去，当大气层结稳定使得尘粒浓度增加到一定程度，并影响能见度时，就形成了霾。霾中也可以有海盐成分和人类活动排放的污染物。当大气凝结核由于各种原因长大时，也能形成霾。在当代，人类活动是霾产生的重要原因之一。例如，在北方的冬季，早晨和晚上正是供暖锅炉使用的高峰期，大量排放的烟尘悬浮物和汽车尾气等污染物在低气压、风小的条件下，不易扩散，与底层空气中的水汽相结合，就很容易形成霾。

霾与雾的区别在于发生霾时相对湿度不大，而雾中的相对湿度很高，水汽是饱和或接近饱和的。一般相对湿度小于80%时的大气浑浊导致的能见度恶化是霾造成的，相对湿度大于95%时的大气浑浊导致的能见度恶化是雾造成的，相对湿度介于80%～95%时的大气浑浊导致的能见度恶化是霾和雾的混合物造成的，但其主要成分是霾。在自然界，霾和雾是可以互相转化的。

雾
大于95%

雾和霾
80%～95%

湿度

小于80%

霾

雾和霾对生活的影响

雾的不良影响

雾是对人类生活，特别是交通影响最大的天气现象之一，雾一般发生在近地面层，它所造成的严重的视程障碍威胁着城市道路系统、高速公路、航空港、海港航道的安全。由于雾的浓淡不均会造成视觉错误，使驾驶员对距离和车速的判断与实际情况相差较大，视距变短，易与前车发生相撞事故。高速公路上的车速较快，一旦雾天发生交通事故，经常会引起连锁反应，形成多车连续碰撞的严重事故。据统计，我国因为大雾等恶劣天气影响造成的交通事故超过事故总数的25%。在国外，雾天发生的严重高速公路交通事故也不胜枚举。大雾天气中，港口、航道等处也极易发生撞船事故。对于航空港来说，大雾天气会使飞机被迫停飞、旅客滞留，严重影响人们的出行。

大气污染可造成"污染雾"，多项研究表明，污染雾的雾滴的 pH 值较低，甚至低于酸雨的标准（pH < 5.6），这种"酸雾"不但会造成视程障碍，而且其雾滴中的高浓度污染粒子成分会刺激呼吸道黏膜，极易诱发呼吸道

4.0	5.0	6.0	6.6	7.0	7.6	8.0	9.0	9.5	10.0

酸性　　　　中性　　　　碱性

雾、霾 pH<5.6

疾病，对人体健康十分有害。

大雾还会使电网发生大面积的污闪、跳闸，从而严重影响通电系统。电网长期运行表明，大雾天气、毛毛雨天气最容易引起绝缘子污闪。近年来污闪事故日渐突出，所造成的电量损失以及给国民经济带来的负面影响十分惊人。

霾的不良影响

与雾一样，霾给人最直接的印象就是能见度恶化，但由于成因及主要成分与雾不一样，霾对人们的社会生活产生的影响也与雾大相径庭。北方地区起源于沙尘粒子的霾，粒子直径较大，大多数不会直接沉积在人体肺部。而城市区域的霾，成分比较复杂，以有机污染物为主，由于直径非常小，能够被人体吸入而直接沉积在肺部。当出现灾害性霾天气时，霾粒子携带的污染物会刺激支气管，加重哮喘、过敏性鼻炎等呼吸系统疾病患者的病症。同时，霾粒子还会导致支气管积痰引发感染。霾粒子微生物含量较高，也易引发感染。霾粒子具有携带病菌的能力，并具有化学和生物活性，细粒子能直接进入人的血液循环。此外，在霾严重、缺乏日照的天气里，人的内分泌会发生紊乱，从而导致情绪低落、焦虑烦躁。

霾天气不仅对人们的身体健康构成威胁，而且带来的能见度下降也给城市的经济和市民生活带来显著的负面影响。

PM₂.₅

直径小具有化学、
生物活性，携带病菌

可引发呼吸系统疾病
可入肺沉积

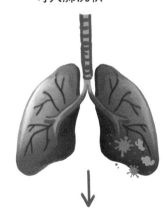

霾粒子可进入血液循环
危害人体健康

大雾和霾的预警与防御

大雾的预警与防御

大雾的预警信息主要通过电视、电台、电话、手机短信、互联网、电子显示屏等多种方式向公众发布；交通管理部门、海事管理部门以及民航气象部门也根据自己行业的特点采取针对各行业有效的特殊方式进行防御，尽可能减轻大雾所造成的损失。

大雾的预警信号分为黄色、橙色、红色三个级别。

雾害的产生主要与天气气候条件密切相关，不同的雾害，影响领域和影响程度也各有不同，因此必须有针对性地做出科学的监测预报信息。有关部门和单位按照职责做好防雾应急工作，建立多部门协调的应急机制，防御和减轻大雾危害。机场、港口、高速公路的布局要避开大雾多发地区；电力、交通部门要增强防御雾害意识，交通枢纽和交通干线要根据大雾的能见度水平和路面状况，科学合理地采取限速、限量和封闭措施。浓雾时按照行业规定适时采取交通安全管制措施，如机场暂停飞机起降，高速公路暂时封闭，轮渡暂时停航等；驾驶人员根据雾天行驶规定，采取雾天预防措施，根据环境条件采取合理行驶方式，并尽快寻找安全停放区域停靠。此外，还要切实加强雾害发生时的舆论宣传，提高全社会科学认识和防御大雾灾害的能力。

霾的预警与防御

霾不仅由天气条件决定，还受大气中各种污染物浓度所影响，因此，霾的预报由气象部门与环保部门通过会商后联合开展。

霾的预警信号也分为黄色、橙色、红色三个级别。

在霾天气出现时，公众应当关注霾和空气质量的预报，尽量减少户外停留时间。避免室外锻炼或大运动量活动，合理安排出行。户外活动时，宜佩戴颗粒物过滤口罩。外出回家后，衣服、口鼻、裸露的皮肤都会附着霾中的大量污染物，可持续对健康造成危害，因此要及时脱掉外衣、洗脸、洗手、洗口鼻，减少污染。儿童正处于生长发育阶段，对环境比成人更加敏感；老人抵抗力低，通常患有基础病，霾中大量的灰尘、颗粒会刺激呼吸道，容易引起呼吸道刺激症状，所以儿童和老人尤其要注意做好防护。有基础病的敏感人群，在减少户外活动的同时也要减少到人多拥挤、空气污浊的场所，注意个人卫生，勤洗手，注意随时增减衣物，以保持良好的身体状况。从长期来说，可以通过科学饮食和休息，多摄入维生素 A、维生素 C 以及蛋白质，增强机体免疫力，多喝水，保持呼吸道湿润，以应对高污染的霾天气。对于皮肤敏感的人来说，大气中的颗粒物吸附的病菌和有害物质，容易黏在皮肤上，引起过敏症状，外出时，可带一包湿巾，随时清洁。

第十一课　急脾气的冰雹

冰雹的形成

　　冰雹的形成简单来说就是雹云中强烈的上升气流携带着许多大大小小的水滴与冰粒向上输送，与冰晶、雪花和过冷水滴凝结。当上升气流较弱的时候，冰雹开始下落，在下落中不断地并合冰晶、雪花和水滴而继续生长，这时如果落到另一股更强的上升气流区，那么冰雹又将再次上升，重复上述的生长过程。最后，当上升气流支撑不住冰雹时，它就从云中落了下来，成为我们所看到的冰雹了。

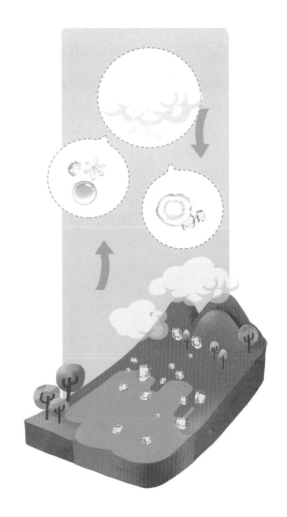

冰雹对生活的影响

冰雹不仅会砸坏建筑物、通信设备、电力设备、车辆等，造成经济损失，还会影响交通安全，较大的冰雹还会危害人身安全。日常我们看到最多的是冰雹对农作物造成的影响，冰雹会砸伤农作物的枝叶、茎干、果实等，使水果、蔬菜、茶叶、棉花等农产品减产。

冰雹的预警与防御

气象部门通过气象监测和预报，在冰雹到来之前发布预警信号，提醒百姓躲避冰雹，尽量减少冰雹带来的损失。冰雹预警信号分为橙色、红色二级。发布冰雹橙色或红色预警信号时，大家要注意做好防范措施：当冰雹来临时，要关好门窗；户外行人应立即到安全的地方暂避，暂停户外活动，不要在高楼屋檐下，烟囱、广告牌、电线杆或大树底下躲避冰雹；如果来不及躲避，可将木板、盆之类的器具顶在头上，防止被砸伤。

第十二课　暴雨及其危害

我国是世界上洪涝灾害频繁而严重的国家之一，洪涝灾害可造成粮食减产，破坏土地资源和生态环境，导致巨额的经济损失，对社会经济和环境具有多方面的影响。洪涝灾害可由很多原因造成，如暴雨、融雪和融冰、风暴潮等。在各种致灾原因中，暴雨是最常见、最具威胁性的。

气象科普小课堂

《暴雨》第 1 集

暴雨的定义和形成原因

什么是暴雨

暴雨是指降水强度很大的雨，常由积雨云形成。气象上规定，连续 12 小时降雨量为 30 毫米以上，24 小时降水量为 50 毫米以上的雨称为"暴雨"。暴雨按其降水强度分为三个等级，即 24 小时降水量为 50.0 ～ 99.9 毫米为暴雨，100.0 ～ 249.9 毫米为大暴雨；250.0 毫米以上为特大暴雨。

中国是暴雨多发的国家，每年除西北个别省、区外，大部分地区都有暴雨的出现。每年的 4—6 月为华南地区暴雨频发时期。

在实际的预报中，预报员们又按照发生和影响范围的大小将暴雨划分为局地暴雨、区域性暴雨、大范围暴雨、特大范围暴雨。局地暴雨一般历时几个小时或几十个小时，影响范围为几十至几千平方千米，造成的危害较轻，但当降雨强度极大时，也可造成严重的人员伤亡和财产损失。区域性暴雨一般可持续 3～7 天，影响范围可达 10 万～20 万平方千米或更大，危害程度一般，但有时因暴雨强度极强，可能造成区域性的严重暴雨洪涝灾害。特大范围暴雨历时最长，一般都是多个地区内连续多次暴雨组合，降雨可断断续续地持续 1～3 个月，雨带长时期维持。

暴雨的形成

暴雨的形成过程是相当复杂的，一般来说，产生暴雨的主要物理条件是充足的源源不断的水汽、强盛而持久的气流上升运动和大气层结构的不稳定。那么，大量的水汽是如何上升到高空变冷而凝结成雨滴的呢？就其过程来说，主要有以下三种情况：第一种，对流性降水。太阳照射引起水汽上升成云致雨。在强烈的太阳辐射下，水面受热蒸发，变成看不见的水汽，进入低层大气中。低层大气也急剧增热膨胀而变轻，这饱含水汽的又热又轻的空气，像坐电梯似地扶摇直上，进入蔚蓝的天空。第二种，锋面性降水。水汽在锋面上升成云致雨。冷空气形成看不见的"斜面楼梯"，使水汽滑升进入上层大气。冷、暖空气交汇，形成锋面，富含水汽的暖而轻的空气就会在冷而干的空气上方滑升或被抬升，使得水汽上升而形成浓厚的云层。第三种，地形性降水。水汽在迎风坡被抬升成云致雨。从水汽丰富的地区水平移动的暖湿气流，如果在它的前进方向上遇到山脉、丘陵或高原等地形的阻挡时，被迫沿着山坡向上"爬"而到达较高处，从而在迎风坡上成云致雨。

气象科普小课堂

《暴雨》第 2 集

暴雨灾害

暴雨导致的灾害主要包括洪涝灾害和渍涝灾害。

洪涝灾害是由于大雨、暴雨、短时强降雨等降水过多或过于集中引起的，严重的还可能引发山洪暴发、河流泛滥等。洪涝灾害不仅危害农业、林牧业和渔业等，造成严重的经济损失，还可能造成人畜伤亡。我国历史上的洪涝灾害，几乎都是由暴雨引起的，如 1954 年 7 月长江流域大洪涝、1963 年 8 月河北的洪水、1975 年 8 月河南大水、1991 年江淮大水、1998 年长江全流域特大洪涝灾害等。

渍涝灾害是由于暴雨急而大，排水不畅引起积水成涝。渍涝灾害发生时，农田的土壤孔隙被水充满，造成陆生植物根系缺氧，使根系生理活动受到抑制，造成作物受害而减产。在城镇，当雨水过多而超过排水能力时，水就会在路面流动，并在地势低的地方形成积水，造成城市内涝，对交通运输、工业生产、商业活动、市民日常生活等影响极大。

气象科普小课堂

《暴雨》第3集

暴雨预警与防御

暴雨预警信号

暴雨来临之前，气象部门会向社会发布预警信号，按照由弱到强的顺序，暴雨预警信号分为四级，分别以蓝色、黄色、橙色、红色表示。

暴雨的防御措施

为减轻暴雨带来的损失，在暴雨来临之前，应该注意加强防范，公众可以从以下几点做起：

在日常生活中应多注意收听天气预报，当得知暴雨来临时，应提前做好防范措施。

暴雨期间尽量不要外出，必须外出时应尽可能绕过积水严重地段。

平日不要将杂物、垃圾等丢入下水道，以防堵塞，造成暴雨时积水成灾。

得知暴雨到来时，地势低洼的居民住宅区可因地制宜采取"小包围"措施，如砌围墙、大门口放置挡水板或沙袋，配置小型抽水泵等。

居住于楼房底层或平房的居民，家中的电器插座、开关等应移装在离地1米以上的安全地方。一旦室外积水漫进屋内，应及时切断电源，防止积水带电伤人。

在山区居住的群众要注意防范山洪等次生灾害，在特大暴雨来临前，要及时有序地转移至安全区域。如果上游来水突然混浊、水位上涨较快是山洪来临的前兆，要特别注意，应立即撤离。

种植瓜果蔬菜的农户应在暴雨来临前，对作物进行有效防护或及时采收。

在户外积水中行走时，要注意观察，贴近建筑物行走，防止跌入下水道、洞中或地坑等。

驾驶员遇到路面或立交桥下积水过深时，应尽量绕行，避免强行通过。

第十三课　高温有多"高"？

高温对人们日常生活和健康，以及交通、用水、用电等方面都有较大的影响，越来越引起社会各界的重视。

首先，我们来了解一下：高温有多"高"？

什么是高温天气？

高温，在不同的情况下所指的具体数值不同，例如在某些技术上指几千摄氏度以上；而在气象学上，日最高气温达到 35 ℃以上，就称为高温天气。

高温对人们身体的影响

高温引发中暑

在高温环境下，人体体温调节功能紊乱而引起的中枢神经系统和循环系统障碍，即我们所说的"中暑"。除了高温、烈日暴晒外，睡眠不足、过度疲劳等也能诱发中暑。

预防中暑，应尽量不在烈日下暴晒，出门时最好戴宽檐帽或撑把伞，宜穿透气易散热的衣服；多喝水，如果流汗多，可适当补充淡盐水；高温天工作时间不宜过长，强度不宜过大；保证睡眠充足；在家中或外出时应随身准备一些预防或治疗中暑的药物。

气象科普小课堂

《高温》第 1 集

高温引起其他疾病

在夏季闷热的天气里，还易出现热伤风（夏季感冒）、腹泻和皮肤过敏等疾病。原因是，在高温环境下，人体代谢旺盛，能量消耗较大，而闷热又常使人睡眠不足，食欲不振，造成人体免疫力下降，机体适应能力减退，抵抗力下降，病菌、病毒就会乘虚而入，极易引起上呼吸道感染（感冒）；高温高湿环境，细菌、病毒等微生物大量滋生，食物极易腐败变质，食用后会引起消化不良、急性胃肠炎、痢疾、腹泻等疾病的发生。

高温预警与防御

高温预警信号

高温预警信号分为黄色、橙色、红色三级。

气象科普小课堂

《高温》第 2 集

高温的防御措施

白天尽量避免或减少户外活动，尤其是 10—16 时不要在烈日下外出运动或劳动。

不宜在阳台、树下或露天睡觉，适当晚睡早起，中午宜午睡。

室外劳动时应戴上草帽，穿浅色衣服，并且应备有饮用水和防暑药品，如感到头晕不舒服应立即停止劳动，到阴凉处休息。

浑身大汗时，不宜立即用冷水洗澡，应先擦干汗水，稍事休息后再用温水洗澡。

空调温度应控制在 26～28 ℃，室内外温差不要超过 8 ℃。空调运作时，尽量避免送风口冷风直接吹着头部或长时间对着身体某一部位吹。定时打开门窗，通风换气。

避免皮肤被蚊虫咬伤、开水烫伤等，预防因气温高、细菌繁殖加快而造成的感染。

注意饮食卫生。要多饮水，每日补充 2000 毫升以上的水，以温淡盐开水或茶水为主，兼食瓜果和新鲜蔬菜。

第十四课 台风是个"破坏王"

　　每年的夏、秋季节，我国毗邻的西北太平洋或我国南海上会生成不少台风，它们有的消散于海上，有的则登上陆地，带来狂风暴雨。台风能给广大的地区带来充足的雨水，成为与人类生活和生产关系密切的降雨系统。但是，台风也总是带来各种破坏，具有突发性强、破坏力大的特点，是世界上最严重的自然灾害之一，是一个名副其实的"破坏王"。

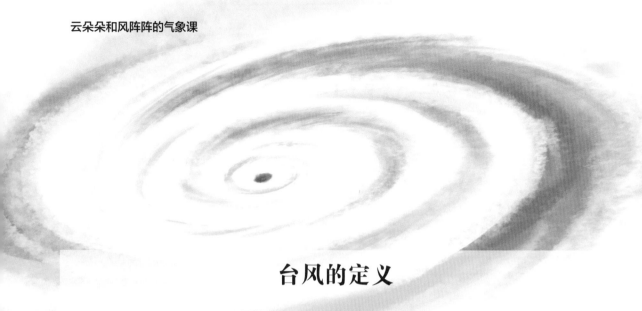

台风的定义

台风，指形成于热带或副热带海温达 27 ℃以上广阔海面上的热带气旋。世界气象组织定义：中心持续风速在 12 级至 13 级（即每秒 32.7 ～ 41.4 米）的热带气旋为台风或飓风。北太平洋西部（赤道以北，国际日期线以西，东经 100° 以东）地区通常称其为台风，而北大西洋及东太平洋地区则普遍称之为飓风。

台风从哪里来？

简单地说，台风发源于热带海面，因为那里温度高，大量的海水被蒸发到了空中，形成一个低气压中心。随着气压的变化和地球自身的运动，流入的空气也旋转起来，形成一个逆时针旋转的空气漩涡，这就是热带气旋。只要这个热带气旋经过的海面温度不下降，它就会越来越强大，最后形成台风。

台风形成必须具备下列条件：

要有广阔的高温、洋面，海温达 27 ℃以上。

要有低层大气向中心辐合、高层向外辐散的初始扰动。

垂直方向风速不能相差太大，上下层空气相对运动小，才能使初始扰动中水汽凝结所释放的潜热能集中保存在台风眼区的空气柱中，形成并加强台风暖中心结构。

要有足够的地转偏向力作用，地球自转作用有利于气旋性涡旋的生成。

台风预警与防御

台风预警信号

台风预警信号分四级，分别以蓝色、黄色、橙色、红色表示。

台风的防御措施

台风期间尽量不要外出行走，倘若不得不外出，应弯腰将身体紧缩成一团；一定要穿上轻便防水的鞋子和颜色鲜艳、紧身合体的衣裤，把衣服扣子扣好或用带子将衣服扎紧，以减少受风面积；并且要穿好雨衣，戴好雨帽，系紧帽带或者戴上头盔。

在野外旅游时，听到气象台发出台风预报后，如果能离开台风经过的地区，要尽早离开，否则应贮足罐头、饼干等食物和饮用水，并购足蜡烛、手电等照明用品。

船舶在航行中遭遇台风袭击，应主动采取应急措施，及时与岸上有关部门联系，弄清船只与台风的相对位置。

强台风过后不久，一定要在房子里或原先的藏身处待着不动。因为台风的"风眼"在上空掠过时，地面会风平浪静一段时间，但绝不能以为风暴已经结束。通常，这种平静持续不到一个小时，狂风暴雨就会从相反的方向以雷霆万钧之势再度横扫过来，如果你是在户外躲避，那么此时就要转移到原来避风地的对侧。

第十五课 "口渴"的大地——干旱

什么是干旱?

干旱是指因水分的收支或供求不平衡而形成的持续的水分短缺现象,可分为气象干旱、农业干旱和水文干旱等。直观的理解,干旱就是一种水的短缺,也就是一种以长期雨量很小或无雨为特征的气候现象,其程度取决于水分短缺的历时和数量;形象地说,就是大地"口渴"了。

干旱的危害

干旱的最直接危害是造成农作物减产,使农业歉收,严重时会造成大饥荒。在严重干旱时,人们饮水发生困难,生命受到威胁。

中国西北一些地区因经常发生干旱,人畜饮水极端困难,被迫进行人口大迁移。在以水力发电为主要电力能源的地区,干旱造成发电量减少,能源紧张,严重影响经济建设和人们生活。在干旱季节,火灾容易发生,且难以控制和扑灭。干旱在中国一年四季都会发生,而且持续时间长、涉及范围广、潜在危害大。

与其他自然灾害相比,旱灾是影响中国粮食生产的主要因素,因为旱灾造成的粮食损失要占全部自然灾害粮食损失的一半以上。严重的旱灾不仅对农业生产影响大,而且直接影响社会经济发展,造成人们生存条件恶化。

干旱预警与防御

干旱预警信号

干旱预警信号分为橙色、红色二级。

干旱的防御措施

做好灌溉工作

有灌溉条件而未灌溉的作物要及时灌溉；浇过水的田地，应及时保墒，防止土壤板结、开裂，以免跑墒（耕种的土地所含的水分由于未经松土等原因，受到风吹日晒而蒸发散失）；无灌溉条件的田块要进行保墒，确保农作物安全越冬及返青对水分的需求，应抓住有利天气条件，组织开展人工增雨（雪）作业。

合理规化工、农业及生活用水

根据现有水资源，做好用水规划，保障工农业供水安全：向干旱受灾地区提供实用技术和创新产品服务；在门户网站设立抗旱减灾专栏，开展抗旱减灾咨询和科技服务；组织多学科专家特别是小麦抗旱及人畜饮水保障专家深入田间、深入基层开展技术服务，成立由农、林、水、气等领域专家组成的抗旱减灾专家组做好旱情诊断、抗旱减灾应对技术指导及决策咨询服务；依托国家科技计划实施的节水农业、粮食丰产、农村饮水、保护性耕作、大型灌区节水改造等重大科技项目示范基地，加强对抗旱减灾水源合理调配、应急水源建设使用及作物抗旱的科技服务；针对干旱受灾重点省区的一线需要，加大科技投入，支持推广成熟技术，开展应急技术开发，为一线抗旱工作提供持续有效的科技支撑。

各级政府和有关部门应启动远距离调水等应急供水方案，采取提外水、打深井、车载送水等多种手段，确保城乡居民生活和牲畜饮水；限时或者限量供应城镇居民生活用水，缩小或者阶段性停止农业灌溉供水；严禁非生产性高耗水及服务业用水，暂停排放工业污水；气象部门适时加大人工增雨作业力度。

第十六课　了解霜冻

霜与霜冻的形成

霜和霜冻是秋冬季节的天气现象，是一种较为常见的农业气象灾害。霜是夜间地面冷却到 0 ℃以下时，空气中的水汽凝华在地面或地物上的冰晶。其结构松散，一般在冷季夜间到清晨的一段时间内形成。霜冻是指空气温度突然下降，地表温度骤降到 0 ℃以下，使农作物受到损害，甚至死亡。霜冻可能伴有霜（白霜），也可能没有霜（俗成黑霜）。

霜冻的危害

对园林植物的危害

霜冻对园林植物的危害主要是使植物组织细胞中的水分结冰，导致其生理干旱，而使其受到损伤或死亡，给园林生产造成巨大损失。

对农作物的危害

玉米、大豆、棉花等秋收作物在成熟前对霜冻非常敏感。由于霜冻发生时，叶片最先受害，从而影响植株的光合作用，造成植株的营养物质减少；霜冻严重时还会阻碍茎秆传输养料，造成作物大幅减产。不过，在初霜冻出现时，如果作物已经成熟等待收获，那么就不会有太严重的损失了。

霜冻预警

霜冻预警信号

霜冻预警信号分为蓝色、黄色、橙色三级。

霜冻的防御措施

通过兴修水利、种植防护林带、进行农田基本建设等，改善农田小气候。

根据作物种类选择地点和播期，避开霜冻。

灵活应用催熟技术，合理施肥灌溉，促早熟，避开霜冻。

霜冻来临前，采取灌水、喷雾、薰烟、覆盖、加热等措施。

第十七课　解读寒潮

什么是寒潮?

寒潮是冬季的一种灾害性天气,冬季冷空气活动频繁,当来自高纬度地区的强冷空气在特定的天气形势下,迅速加强并向中低纬度地区侵入时,就造成沿途地区剧烈降温。在气象上,使某地的日最低气温 24 小时内降温幅度大于或等于 8 ℃,或 48 小时内降温幅度大于或等于 10 ℃,或 72 小时内降温幅度大于或等于 12 ℃,而且使该地日最低气温下降到 4 ℃或以下的冷空气,称为寒潮。

如果一天内降温幅度达到 10 ℃以上,而且最低气温在 5 ℃以下,就称此冷空气爆发过程为一次寒潮过程。寒潮过程常伴有大风、冻雨、雨夹雪、降雪等灾害,对农业、交通、电力、航海以及人们健康都有很大的影响。

寒潮的影响

对健康的影响

气温骤降容易引发冻疮、感冒、心脑血管等疾病。出现大风降温时，人们需要做好防寒保暖措施，特别是要注意手、脸的保暖。老弱病人，特别是心血管病人、哮喘病人等对气温变化敏感的人群尽量不要外出。另外，在用电器和炭火取暖时还应注意安全，预防火灾、一氧化碳中毒等事故的发生。

对交通的影响

寒潮伴随的大风、雨雪和降温天气会造成大风、低能见度、地面结冰等现象，对公路、铁路交通和航运安全带来较大的威胁。

对农业生产的影响

寒潮天气的一个明显特点是剧烈降温，低温能导致作物霜冻害，从而引发越冬作物的植株体结冰而丧失一切生理活动，造成植株枯萎或死亡，严重的低温也能引起牲畜患病或冻死，造成严重的农牧业气象灾害。

对电力、通信设备的影响

寒潮引发的冻雨天气易使电线、通信线上积满雨凇，雨凇最大的危害就是使供电线路中断。连接高压线的钢塔在下雪天时，可能会承受平时的 2～3 倍的重量；如果有雨凇的话，可能会承受平时的 10～20 倍的重量。电线上出现雨凇时，电线结冰后会遇冷收缩，加上风吹引起的震荡和雨凇重量的影响，可能使电线和电话线不胜重荷而被压断，几千米甚至几十千米的电线杆成排倾倒，造成输电、通信中断。

寒潮的预警与防御

寒潮预警信号

寒潮预警信号分为蓝色、黄色、橙色、红色四级。

寒潮的防御措施

人员要注意添衣保暖；在生产上做好对大风降温天气的防御准备。

固紧门窗、围板、棚架、临时搭建物等易被大风吹动的搭建物，妥善安置易受大风影响的室外物品。

应到避风场所避风，通知户外作业人员注意安全。

留意有关媒体报道大风降温的最新信息，以便采取进一步措施。

第三章
气象术语学明白

气象作为一门地球科学，包含很多学术名词、专业类别、符号公式和演算方法。气象学是把大气当作研究的客体，从定性和定量的方面来说明大气特征的学科，集中研究大气的天气情况、变化规律和对天气的预报。本章为大家介绍几个常见的气象术语。

第十八课　冷空气从哪里来？

什么是冷空气？

冷空气和暖空气是从气温水平方向上的差别来定义的，位于低温区的空气称为冷空气。

冷气团多数在极地与西伯利亚大陆上形成，其范围纵横长达数千千米，厚度达几千米到几十千米。冷空气过境会带来雨、雪等，使温度陡然下降。每次冷空气入侵的强度不一样，有强有弱，降温幅度有多有少。

根据强弱程度，中国将冷空气分为五个等级：弱冷空气、中等强度冷空气、较强冷空气、强冷空气和寒潮。

弱冷空气：使某地的日最低气温48小时内降温幅度小于6℃的冷空气。

中等强度冷空气：使某地的日最低气温48小时内降温幅度大于或等于6℃但小于8℃的冷空气。

较强冷空气：使某地的日最低气温48小时内降温幅度大于或等于8℃，但未能使该地日最低气温下降到8℃或以下的冷空气。

强冷空气：使某地的日最低气温48小时内降温幅度大于或等于8℃，而且使该地日最低气温下降到8℃或以下的冷空气。

冷空气从哪里来?

天气预报常常提起"一股从西伯利亚来的冷空气前锋上午到达新疆北部……""来自蒙古国的一股冷空气进入中国内蒙古东部至河套西部一带,冷空气将东移南下……"这样一类语言。入侵中国冷空气的产地在西伯利亚还是在蒙古国?它的"老家"在哪里?

其实,遥远的北冰洋、严寒的西伯利亚是冷空气的发源地。冷空气最初都来自北冰洋地区,然后到达西伯利亚地区并得到加强。因为这些地区的纬度高,冬季黑夜漫长,白昼很短,日照时间非常少。在极地,甚至会出现极夜,一天 24 小时太阳都不露脸。因此,大地从太阳那里得到的热量十分微弱。而夜间,地面却向太空辐射损失许多热量,近地层大气随着地面不断冷却,气温越来越低,冷空气堆积在一起将变得越来越多。这一团温度极低的冷空气堆在西北气流的引导下,将自北向南推进,影响蒙古国、中国的北方、中国东部或中国大部地区。

冷空气的影响

冷空气入侵的主要影响是带来降温和大风，有时也会出现大范围的雨雪天气，这是冷、暖空气交汇作用的结果。当暖湿空气的条件不好、环流条件不利时，冷空气入侵也不一定会带来降水天气，因此，并不是冷空气愈强，所产生的雨雪天气也愈强。

对身体健康方面的影响

首先，强冷空气能使空气中湿度显著降低，鼻咽黏膜因此而变得干燥，以致发生细小的皲裂，感冒病毒便可乘虚而入。

另外，强冷空气袭击前后的 2～3 天内，平均气温和最低气温骤然下降，人体的体温调节功能对这种突如其来的寒冷刺激难以适应，如果不及时添衣服保暖，就特别容易受凉，引起机体抵抗力下降，给各种不同类型的感冒病毒入侵造成可乘之机。

对农业的影响

冷空气来袭对农业最主要的影响就是寒潮大风和对作物的低温冻害，要减轻这些影响，需提前做好温室大棚的防风加固工作，采取及时、有效的防风、防寒措施。

第十九课 聊一聊"副热带高压"

在收听、收看天气预报节目时，经常能听到"副热带高压"这个词，这是一个气象学的专业词汇。那么"副热带高压"究竟是什么呢？它对天气又会有什么样的影响呢？

什么是副热带高压？

副热带高压，又称亚热带高压，是指位于副热带地区的暖性高压系统。在南北半球的副热带地区，由于海陆的影响，高压带常断裂成若干个高压单体，形成沿纬圈分布的不连续的高压带，统称为副热带高压（简称"副高"，下同）。

对我国天气与气候有着重要影响的暖性高压是西太平洋副高。西太平洋副高是整个大气环流的重要角色，它常年存在，对西北太平洋和东亚的天气变化有着重要的影响。西太平洋副高一般位于海洋上，但其西端往往可以延伸到我国沿海，夏季甚至可以西伸到陆地上，稍微留意一下与气象有关的新闻就会发现，我国酷暑的持续、雨带的变化、台风的活动等，大都与西太平洋副高的变化息息相关，它的位置和强度的变化直接影响着我国的天气。

西太平洋副高对我国天气的影响

对降雨的影响

西太平洋副高西部的偏南气流，从南部海上带来大量的暖湿空气，与北方南下的冷空气相遇形成锋面，往往会形成大范围的降雨带。由于西太平洋副高位置随季节而变化，冬季偏南，夏季偏北，因此，我国的主要雨带也随着季节发生相应的变化。春末，雨带常位于华南。夏初，西太平洋副高"西伸北进"，暖湿的偏南气流沿副高西缘北上，与北方来的干冷空气交锋在长江流域一带，形成长江中下游直至日本南部的梅雨天气。盛夏，西太平洋副高进一步北进，雨带北推到华北、东北地区。9 月，西太平洋副高南撤，雨带也随之南移。正是由于西太平洋副高对我国的降雨影响非常大，所以它的位置和强度一旦异常，就会引起旱涝灾害。

对高温天气及台风的影响

西太平洋副高不仅影响我国的降雨，对高温天气的维持以及台风的动向也有着重要的影响。副高所到之处往往以晴朗少云的高温天气为主。这是因为在它的系统内部，气流呈下沉趋势，且气压梯度有所减小，风力也微乎其微，在这种状态下，太阳辐射可以更多地到达地面，使得地面和近地面大气获得更多的热量，大气温度明显攀升，出现高温天气。当副高强大且在长时间内稳定少动时，它所控制的区域内就会出现长时间持续的高温少雨天气。

台风通常形成于不受到副高控制的温暖海面，生成后一般沿着副高边缘移动，台风与副高是相互制约、相互影响的。总的来说，当副高呈东西带状且强度稳定时，其南侧的台风将向西移动，路径稳定；但如副高强度不强，台风移动到其西南侧时，会导致副高的东退，台风也有可能因此向北移动；另外，台风还可能会使较弱的副高断裂，并从其中间穿过。

第二十课　爱"打游击"的强对流

在天气预报中，我们常听到"注意防范局地暴雨、雷雨大风等强对流天气"，那么强对流天气是怎么定义的呢？除了暴雨、雷电、大风，还有哪些也属于强对流天气呢？下面我们就一起来了解一下强对流天气以及防范措施吧。

什么是强对流天气？

强对流天气指的是发生突然、天气剧烈、破坏力极强，常伴有雷雨大风、冰雹、龙卷风、局部强降雨等强烈对流的灾害性天气。强对流天气发生于中小尺度天气系统，空间尺度小，水平尺度一般小于 200 千米，有的水平范围只有几十米至十几千米。其生命史短暂并带有明显的突发性，约为一小时至十几小时，较短的仅有几分钟至一小时。它常发生在对流云系或单体对流云块中。强对流天气来临时，经常伴随着电闪雷鸣、风大雨急等恶劣天气，致使房屋倒毁，庄稼树木受到摧残，电信交通受损，甚至造成人员伤亡等。

强对流天气主要有雷雨大风、冰雹、龙卷风、局部强降水等，在各地出现的时间不一样，南方要比北方来得早。雷雨大风多发生在春、夏、秋三季，冬季较为少见。短时强降水一年四季都可见，也以春、夏、秋三季为多。冰雹大多出现在冷暖空气交汇激烈的 2—5 月份，也可在盛夏强烈而持久的雷暴中降落。

强对流天气的特点

强对流天气破坏力很强，它是气象灾害中历时短、天气剧烈、破坏性强的灾害性天气。世界上把它列为仅次于热带气旋、地震、洪涝之后第四位具有杀伤性的灾害性天气。

强对流天气灾害大体上可将其归纳为风害、涝害、雹害、雷击。强对流天气发生时，往往几种灾害同时出现，对国计民生和农业生产影响较大。

如何应对强对流天气?

建立抗灾夺稳产的农、林、牧结构

在强对流天气灾害多发的地方特别是山区，需大力种草种树，封山育林，绿化荒山，以增加森林覆盖率。做好水土保持，减少水土流失。尽可能减少空气的对流作用，以减轻强对流天气灾害的发生。在农区增加林、牧业比重，并增加种植抗强对流天气灾害和复生力强的作物比例。在强对流天气灾害多发区，多种根茎类作物。应使农作物关键生育期错开强对流天气灾害多发时段。成熟作物要及时抢收。

作物受灾后需及时采取补救措施

强对流天气灾害发生后，作物除遭受机械损伤外，还可能遭受许多间接危害。因此，应根据不同灾情、不同作物、不同生育期的抗灾能力等情况，及时采取补救措施。培育优良的抗强对流天气灾害的作物品种，提高作物抗灾能力。

防风

强对流天气发生时，产生的瞬时大风容易造成树木折断和房屋倒塌，进而造成人员伤亡。因此，在大风出现时，要远离易折断的树木、广告牌以及危房等。植树造林，绿化环境，加固建筑物，以防雷雨大风、龙卷等风害。保护生态环境，防止土壤荒漠化，保护水源。

防雷

要加强对雷电的防范，不要待在空旷的环境中，应躲避到有避雷设施的建

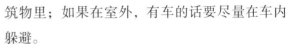

筑物里；如果在室外，有车的话要尽量在车内躲避。

人工消雹

防雹的主要措施是消雹，使形成雹块的云层减薄或消散，阻止云中酝酿成雹和小雹长成大雹。消雹的方法主要有两种：一是将碘化银等催化剂通过地面燃烧或飞机播撒方式投入到成雹的积雨云中，增加积雨云中的雹胚，使其形成小雹，不易长成大雹；二是爆炸，采用高射炮、火箭、炸药包等向成雹的积雨云轰击，引起空气的强烈振动，使上升气流受到干扰，从而抑制雹云的发展，同时也能增强云中云滴间碰并的机会，使一些云滴迅速长成雨滴降落。

建立、健全防灾系统

当发现强对流天气即将发生时，应及时发出警报，迅速将强对流天气可能出现的预报传达至各有关地区和单位，并通过广播、电视、手机短信等方式及时向公众传递。

第二十一课 "气象病"是什么病?

你了解"气象病"吗?

"气象病"是由天气或气候原因造成的疾病的统称。这类疾病的发作或症状加重主要受天气突变的影响。天气突变主要表现在气温、气压、风力等气象要素的剧烈变化上。一般在秋冬季发生"气象病"较为明显。

秋寒与"气象病"

寒露过后,随着冷空气不断南下,寒气渐浓,降温加剧,许多疾病会在急速降温的不经意间引发,面瘫、关节痛、心肌梗死等常见的"降温气象病",会在秋末冬初不请自来。

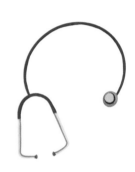

寒风冷雨天最易患面瘫

面瘫多发于秋冬季节转换之时,尤其是寒潮骤至,寒风冷雨扑面而来,人体未能适应气温急剧变化,又未做好保暖措施,抵抗力不足,容易引起面神经麻痹,导致面瘫。

对策:季节转换时应保证充足睡眠;尽量避免寒风当面,可用口罩或围巾遮挡头、脸部;晚上睡觉时也要做好保暖措施。

腰、颈关节痛提前预报天气

患有腰、颈关节痛的患者，一到变天，便经常出现腰酸背痛、转侧不利、膝关节疼痛、走路不利索的症状。一些患有腰、颈椎间盘突出的中老年患者，湿、冷的天气变化对他们影响更大，容易引发各种关节疼痛。

对策：及时做好关节保暖工作，还可进行适量运动，如散步、打太极拳、慢跑等，以增强肌肉力量，减轻关节负担。

肠胃功能容易失调

进入秋季后，气温下降，秋天又花果飘香、螃蟹肥美，人体若没有适应气候变化，肠胃功能容易失调。

对策：秋季昼夜温差大，冷空气时来时走，最好常备一件薄外套，深秋晚上睡觉要关窗。外寒引起的腹泻，常伴有感冒症状，可用对症的中药给患者疏风散寒、温中止泻。经常腹泻、脾胃虚弱的人要进行调理。

冠心病、心梗多发

大量调查研究发现，据统计，每年3—4月和11—12月是我国冠心病和心肌梗死的发病高峰期，尤其是进入深秋，气温逐渐下降，气压、风速、温差极不稳定，变化多端的气候会导致血管收缩，循环阻力增加，以致血压增高，心脏负担加重。

对策：注意对心脏的补养和保护，随身携带必要的急救药物。预防感冒，注意保暖，及时增减衣物，适当进行户外活动，但不宜晨练；可以借助药物和膳食进行调养，增强心脏功能。